Impressum:

Copyright © 2015 GRIN Verlag, Open Publishing GmbH
Druck und Bindung: Books on Demand GmbH, Norderstedt Germany
ISBN: 978-3-668-10708-3

Dieses Buch bei GRIN:

http://www.grin.com/de/e-book/311711/das-mooresche-gesetz-eine-ewige-konstante

Luca Conconi

Das Mooresche Gesetz. Eine ewige Konstante?

GRIN Verlag

GRIN - Your knowledge has value

Der GRIN Verlag publiziert seit 1998 wissenschaftliche Arbeiten von Studenten, Hochschullehrern und anderen Akademikern als eBook und gedrucktes Buch. Die Verlagswebsite www.grin.com ist die ideale Plattform zur Veröffentlichung von Hausarbeiten, Abschlussarbeiten, wissenschaftlichen Aufsätzen, Dissertationen und Fachbüchern.

Besuchen Sie uns im Internet:

http://www.grin.com/

http://www.facebook.com/grincom

http://www.twitter.com/grin_com

Inhaltsverzeichnis

1 Einleitung

Letzten Sommer las ich das Buch *„DIE PHYSIK DER ZUKUNFT – Die Welt in hundert Jahren"* von Michio Kaku. Dort beschreibt er anhand verschiedener Interviews mit weltweit führenden Wissenschaftlern in mehreren Teilbereichen der Technik und der Physik, wie die Welt in einhundert Jahren aussehen könnte. Dabei taucht der Leser in faszinierende Themen ein. Mich persönlich begeisterte vor allem die Zukunftsvorstellung bezüglich der Prozessoren-Technologie. Der Autor sieht unter anderem nämlich voraus, dass die aktuelle Leistungssteigerung bei den Prozessoren nicht ewig weiter gehen kann. Ich war von diesem Buch hingerissen und wollte unbedingt irgendetwas im Zusammenhang mit dieser Fragestellung für meine Facharbeit aufgreifen.

Ich konnte mich allerdings zunächst nicht entscheiden, welches Thema ich vertiefen sollte. Ich schwankte zwischen: den Supraleitern, einem Weltraumlift, der Raumfahrt, irgendetwas Geschichtlichem und dem Mooreschen Gesetz.

Schliesslich entschied ich mich dann nach langem hin und her für das Mooresche Gesetz, weil ich in einer sehr computerbegeisterten Familie aufgewachsen bin und auch mich dieses Thema seit jeher fesselt. Mein Vater und mein Bruder haben beide Informatik studiert und arbeiten (in unterschiedlicher Weise) im Software Engineering. Meinen ersten Rechner bekam ich schon mit etwa fünf Jahren. Damals habe ich mich viel mehr für die Hardware interessiert, als für die eigentliche Nutzung. Heute stelle ich meine Computer immer selbst zusammen, wähle die benötigten Komponenten aus und setze diese dann in ein „Case". Ich plane nun sogar, für den nächsten Rechner ein eigenes Gehäuse aus Aluminium zu bauen. So möchte ich im Zusammenhang mit der vorliegenden Facharbeit auch etwas für mein grosses Hobby dazu lernen.

Ich unterteile das Thema in eine Einführung, in welcher ich das Mooresche Gesetz zunächst einmal vorstelle. Dabei soll auch die Geschichte der Technologie eine Rolle spielen. Später soll dann eine genauere Erklärung der Formel von Gordon Moor das Wachstum verständlich machen und zu guter Letzt stelle ich ein paar Beispiele einer solchen Wachstumskurve vor.

Nach dieser ausführlichen Erklärung des Mooreschen Gesetzes werde ich die Hauptthese dieser Facharbeit aufstellen und im Verlauf der Herleitung Schritt für Schritt die Richtigkeit dieser These zu beweisen versuchen.

Ich strebe danach, die Herleitung meiner Aussage so verständlich wie möglich zu gestalten, indem ich die Begriffe in einer Einleitung am Anfang jedes grösseren Themas erläutere. Dabei werde ich auch nicht direkt relevante Gesichtspunkte streifen, wie zum Beispiel die Geschichte oder Entstehung von einzelnen Aspekten.

Das für mich übergeordnete Ziel bleibt die Naivität des fundamentalen Glaubens an eine ewig grenzenlose Leistungssteigerung. Es ist meine Absicht, diese Erwartung in ein rationaleres und vielleicht ernüchternderes Licht zu rücken. Jedoch ist es mir dabei auch wichtig, einige Lösungsvorschläge vorzustellen, weil diese Problematik weitgehende Folgen haben würde. Natürlich sind solche „Lösungsvorschläge" noch reine Zukunftsmusik, jedoch gibt es bei all diesen Plänen auch schon Prototypen zu deren Verwirklichung.

Selbstverständlich ist es praktisch unmöglich, auf jede Einzelheit eines so komplexen und grossen Themas einzugehen. Dennoch sollte es mir möglich sein, selbst einem Laien einen groben Überblick über die Thematik zu bieten.

2 Begriffslexikon

Im Begriffslexikon werde ich alle komplizierten Fachbegriffe sammeln und kurz erklären.

Transistor	Ein Transistor ist ein Bauelement einer CPU. Er funktioniert durch das Ein- und Ausschalten von Spannung innerhalb der „Bauelemente" des Transistors.
Dotierung	Willentliche Verunreinigung eines Materials, um ein entweder positiv oder negativ leitendes Medium herzustellen.
Halbleiter[1]	Ein Material, welches durch die Verunreinigung (Dotierung) leitend werden kann.

---

[1] Halbleiter; http://de.wikipedia.org/wiki/Halbleiter (08.03.2015)

Prozessor	Abgeleitet vom lateinischen Wort *„procedere"* (vorangehen) ist der Prozessor für viele elektronische Elemente das „Gehirn", welches verschiedene Prozesse abarbeitet. Man findet Prozessoren in Form von Mikrochips in allen möglichen Geräten.
CPU	Central Processing Unit
Cache[2]	Ein Cache ist ein Speicher, zum Beispiel in einer CPU, welcher Informationen zwischenspeichert. Dieses Verfahren ermöglicht die Wiederverwendung von bereits berechneten Vorgängen. Dabei unterscheidet man zwischen mehreren Arten von Speicher. Diese sind unterschiedlich gross und unterschiedlich schnell.
MOSFET[3]	MOSFET bedeutet Metall-Oxid-Halbleiter-Feldeffekttransistor und bezeichnet unsere heutige Art von Transistoren.
Integrierter Schaltkreise[4]	kurz IC/IS sind Gehäuse in der Elektronik, welche Schaltkreise bzw. Gates vereinfacht und preisgünstig vermarkten lässt.
Materiewelle	**Photonen** und **Elektronen** sind eine ganz besondere Art von Materie, welche sich Eigenschaften der Materie und Schwingungen besitzen.

3 Das Mooresche Gesetz

Die Ansichten von Gordon Moore wurden schnell zu sakralen Gesetzen der Technologie. Man vermutete, in wenigen Jahren die erste künstliche Intelligenz erschaffen zu können oder den Punkt der Singularität zu erreichen.

Wir werden hier die Aspekte des Mooreschen Gesetzes beleuchten und auch in einer gewissen Tiefe behandeln.

Das Mooresche Gesetz besitzt in der Öffentlichkeit schon einige Bekanntheit, trotzdem sind die genaueren Zahlenwerte und verschiedenen Ansichten einer Beachtung würdig. Dabei werden wir uns vor allem von einer von mir ausgewählten Liste

---

[2] Cache; http://de.wikipedia.org/wiki/Cache (01.04.2015)
[3] MOSFET; http://de.wikipedia.org/wiki/Metall-Oxid-Halbleiter-Feldeffekttransistor (02.04.2015)
[4] IC, http://de.wikipedia.org/wiki/Integrierter_Schaltkreis (01.04.2015)

(siehe Tabelle 1) leiten lassen. Es interessiert uns primär die Transistoren-Anzahl und das Datum der Einführung der Technologie. Einige Bemerkungen sollen nur der Ergänzung dienen.

Veröffent-lichung	Produkt- und Firmenname	Anzahl Transistoren	Bemerkung
1971	Intel 4004	2'300	Urvater aller Prozessoren, welcher in Taschenrechnern verwendet wurde.
1978	Intel 8086	29'000	Erster 16-Bit-Prozessor
1982	Intel 80286	124'000	Erster Prozessor mit mehr als 100.000 Transistoren
1984	Motorola 68010	190'000	Erster 32-Bit-Prozessor
1989	Intel 80486	1'180'000	Prozessor, welcher dem Personal Computer zum Durchbruch verhalf.
1993	Intel Pentium	3'100'000	Diese Prozessoren mit mehr als drei Millionen Transistoren konnten bereits unglaubliche Leistungen vollbringen.
1996	IBM Power PC 604e	5'10'000	-
1999	AMD K7 Athlon	22'000'000	AMD entwickelt sich mit diesem Prozessor zur ernsthaften Konkurrenz von Intel.
2002	Intel Pentium 4	55'000'000	Es wurden gigantische 2 GHz Taktraten möglich.
2004	AMD Sempron	68'500'000	-
2013	Intel Core i7-4930K	1'860'000'000	Neuester Intel Core i7 Prozessoren für Desktops

Tabelle 1 Verschiedene Prozessoren[5][6]

[5] Tabelle, http://www.pc-erfahrung.de/prozessor/cpu-historie.html (01.04.2015)
[6] Tabelle; http://www.techpowerup.com/cpudb/1570/core-i7-4930k.html (01.04.2015)

3.1 Geschichte[7]

Am 19. April 1965 erschien in der weltbekannten Zeitschrift „Electronics" ein Artikel, welcher die Computerindustrie revolutionierte. Verfasser war der im Jahr 1929 geborene Gordon Moore. Er war ein Mitbegründer der Firma Intel und damit ein Pionier in Sachen IT und Hardware. 1987 verliess er die Firma Intel.[8]

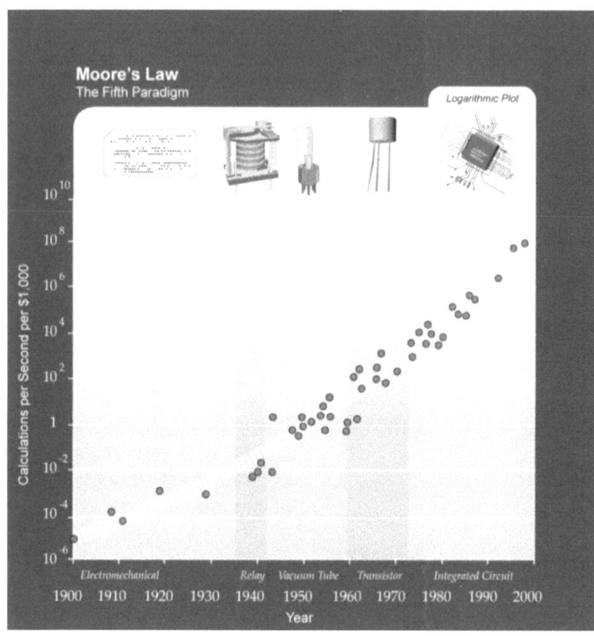

Abbildung 1 Y-Achse sind die Rechnungen pro Sekunde, X-Achse die Zeit. Diese Abbildung zeigt tatsächlich eine konstante Entwicklung.

In diesem Artikel prophezeite Moore eine jährliche Verdoppelung der Prozessorenleistung bei gleichbleibendem Preis. Später korrigierte er diese Aussage auf eine Zeitspanne von zwei Jahren. Heute ist es gängig, von einer Verdoppelung der Leistung alle 20 Monate auszugehen (vgl. Tabelle 1 und Abbildung 1). Da sich diese Voraussagen mehrheitlich bestätigten, nannte man diese These das Mooresche Gesetz. Trotzdem sollte man es nicht als eine naturwissenschaftliche Ordnung auffassen, sondern vor allem als eine Faustregel interpretieren. Es ist lediglich eine empirische Beobachtung.

---

[7] Geschichte; http://de.wikipedia.org/wiki/Mooresches_Gesetz#Geschichte (30.04.2015)
[8] Gordon Moore; http://de.wikipedia.org/wiki/Gordon_Moore (30.04.2015)

Im Jahr 2007 relativierte Moore persönlich am IDF sein „Gesetz", indem er einen Stopp dieser Entwicklung in 15 Jahren ankündigte. Weil man auf immer grössere Widerstände stiess, um die Erwartungen des mooreschen Gesetzes gerecht zu werden. Ein wesentlich limitierender Faktor für die Produzenten von Prozessoren ist die Wärmeentwicklung.

3.2 Erklärung

Eine kurze Erklärung der Anwendung und einige Beispiele des mooreschen Gesetzes.

3.2.1 Beispiele

- Die Sony Playstation 3 oder die Xbox 360 (Kosten rund 240 Franken) besitzen die Leistung eines militärischen Supercomputers aus dem Jahr 1997. welcher viele Millionen Dollar kostete.
- Viren vermehren sich ähnlich, wie die Transistoren dichte zunimmt.
- Handys besitzen mehr Computerleistung als die gesamte NASA 1969
- Elektronische Glückwunschkarten mit Effekten sind so billig, dass wir sie nach dem Verschenken wegschmeissen können.
- Der drastische Preiszerfall bei Fernsehern[9]

3.2.2 Formel

Das Mooresche Gesetz funktioniert ähnlich wie eine allgemeine Exponentialfunktion. Die Verdoppelung erfolgt konstant mit 18 Monaten.

$$K(t) = K_0 \times e^{\lambda \times t}$$

Während:

$$\lambda = \log_e(2) \times \frac{1}{T_2}$$

---

[9]Beispiele;http://www.welt.de/wirtschaft/webwelt/article124966437/Spektakulaerer-Preisverfall-bei-Ultra-HD-Fernsehern.html (2015.02.05)

4 These

Nachdem ich das Buch „DIE PHYSIK DER ZUKUNFT" gelesen hatte, wurde mir klar, dass das Mooresche Gesetz nicht ewig funktionieren kann, jedenfalls nicht mit unseren heutigen Lithiumprozessoren.

Ich behaupte in dieser Facharbeit, dass, wie Moore es schon vorausgesehen hat, das Mooresche Gesetz eine Schwachstelle hat und sich nicht ewig weiterführen lässt.

5 Herleitung

Die Entwicklung der Computer wird vor allem durch die Miniaturisierung der Transistoren und die Schnelligkeit des Lichtes, welches in Bruchteilen einer Millisekunde unglaubliche Mengen an Informationen übertragen kann, bestimmt. Wir befassen uns bei der Herleitung primär auf die Verkleinerung der Transistoren.

6 Prozessoren

Das Mooresche Gesetz bezieht sich hauptsächlich auf Prozessoren, welche bisher eine sehr schnelle Leistungssteigerung erfuhren. Um das Problem des schier grenzenlosen Wachstums zu verstehen, sollte man sich einen Augenblick Zeit nehmen und die Funktionsweise sowie ein wenig die Geschichte des Computers, respektive des Prozessors, anschauen.

Mittlerweile hat sich der Mikroprozessor in vielen Produkten des täglichen Lebens etabliert. So besitzen moderne Wasch- und Kaffeemaschinen zum Beispiel so eine Elektronik und sogar in Kleidern ist sie zu finden.

Der Prozessor oder Mikroprozessor bildet das Kernstück jedes Personal Computers und ist der eigentliche rechnende Teil des PC. Mittlerweile hat sich eine grosse Palette von Herstellern und Produkten angesammelt. Es ist selbst für Experten schwierig, unter den zum Teil recht komplizierten Namen noch den Überblick zu behalten (vgl. Tabelle 1 Verschiedene Prozessoren.).

Der Prozessor besitzt um die Platine ein Gehäuse, welches ihn vor mechanischen Einflüssen schützt (Abbildung 2). Vor allem elektromagnetische Störungen von aussen können einen Prozessor leicht beschädigen. Deshalb empfiehlt es sich, falls nötig, den Prozessor immer nur mit einer Erdung zu berühren. Verbunden ist er mit goldenen Kontakten, den sogenannte Pins.[10]

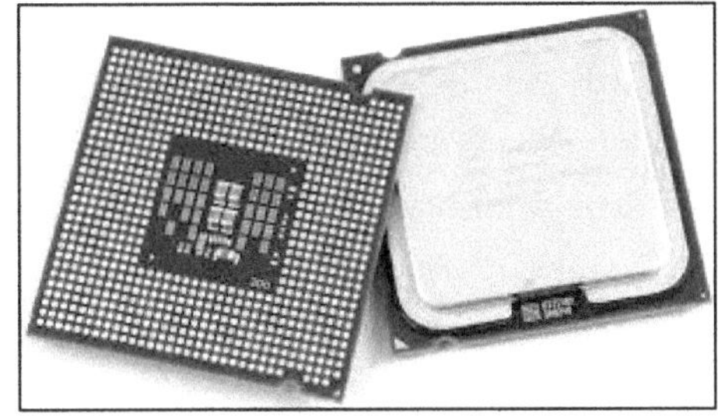

Abbildung 2 Eine CPU Vorder- und Rückseite, man sieht links die goldenen Kontakte.

Um mehrere Aufgaben gleichzeitig zu erledigen, wird der Prozessor in mehrere Funktionsblöcke aufgeteilt. Ich werde nicht genauer auf diese einzelnen Elemente eingehen, weil diese sich von Prozessor zu Prozessor in ihrer Grösse und Anordnung unterscheiden und das Thema ja sehr in die Systemtechnik eintauchen würde. Ich werde hier nur die wichtigsten Teilen des Prozessors beschreiben.[11]

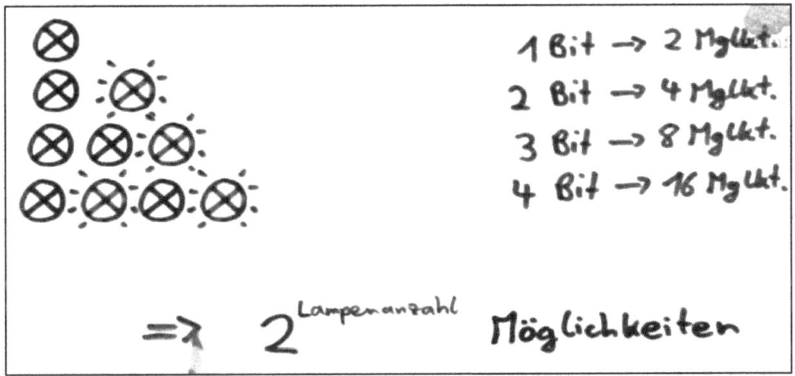

Abbildung 3 Zur Vereinfachung wurden hier nur vier Bits gezeichnet. Ein Byte hat acht Bits, dies sind 2^8 Zustände, was 256 Darstellungen ermöglicht.

---

[10] Vgl. Herbert Frielingsdorf (2006) Einfache IT Systeme
[11] Vgl. https://www.youtube.com/watch?v=sFqaCHZGkHI&list=PL6DU7YsYvRpA31RgBg1MUTf2EuVtmAF-E&index=3

6.1 Transistoren

Ein Transistor kennt grundsätzlich nur zwei Zustände: Strom fliesst oder Strom fliesst nicht. Somit kann er für sich alleine logischerweise auch nur zwei Zustände darstellen. Dies ist für mathematische Aufgaben selbstverständlich nicht ausreichend, weshalb mehrere Transistoren zusammengeschlossen werden (siehe Abbildung 2). Diese Schalter wurden im Verlaufe der technologischen Entwicklung immer kleiner. Die Anzahl solcher Transistoren konnte immer vergrössert und dabei die Leistung entsprechend gesteigert werden. Die Geschichte der Prozessoren wird jedoch in einem eigenen Kapitel vertieft (siehe Geschichte).

Heutzutage werden ausschliesslich noch sogenannte MOSFET Transistoren (englisch: metal-oxide-semiconductor field-effect transistor) eingesetzt.

6.2 Funktionsweise[12]

Eine CPU besteht grundsätzlich aus den folgenden drei Hauptkomponenten:

- Rechenwerk
- Steuerwerk (Control Unit)
- Register/Cache

Diese schauen wir uns etwas genauer an, die Abbildung und die Tabelle (siehe Tabelle 2 & Abbildung 4) dienen nur der Illustration.

---

[12]Transistoren; https://www.youtube.com/watch?v=sFqaCHZGkHI (04.01.2015)

Funktionsblock	**Funktion**
Instruction Decode Unit (IDU)	Befehlsdecoder; übersetzt die eingehenden Befehle, die dem Prozessor als Programm übergeben werden.
Execution Unit (EXU)	Ausführungseinheit; führt die im Mikrocode vorliegenden Befehle aus.
Control Logic (COL)	Kontrolleinheit; steuert den Ablauf der Mikroprogramme.
Internal Rom	Interner Rom-Speicher; beinhaltet die Mikroprogramme des Prozessors.
Bus Interface Logic (BIL)	Bussteuereinheit; steuert den Ablauf der Mikroprogramme.
Bus Interface Unit (BIU)	Busschnittstelle; Schnittstelle zwischen internem Prozessorbus und dem Front Side Bus.
Arithmetic Logic Unit (ALU)	Arithmetisch logische Einheit; führt arithmetische und logische Rechenoperationen aus.
Floating Point Unit (FPU)	Fliesskomma- Rechner; Co- Prozessor; führt Berechnungen mit Fliesskommazahlen aus.
Register (REG)	Register- Speicher; spezieller Speicher für Zwischenergebnisse
Data Cache (DC)	Cache Speicher; schneller Zwischenspeicher für Daten
Code Cache (CC)	Cache- Speicher; schneller Zwischenspeicher für Befehle

Tabelle 2 Aufgaben der Prozessor-Funktionsblöcke

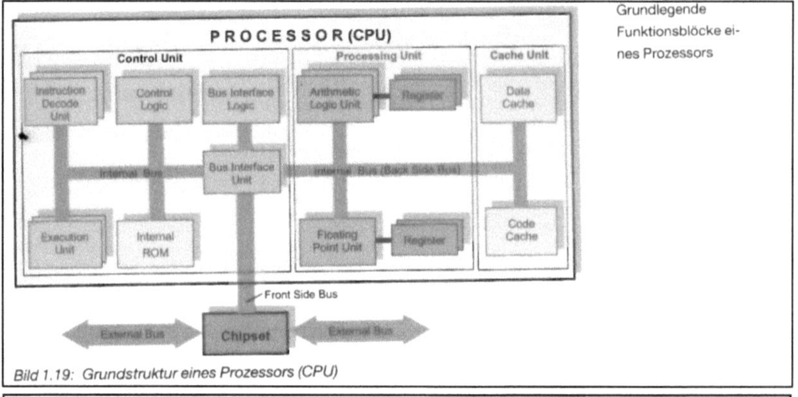

Bild 1.19: Grundstruktur eines Prozessors (CPU)

Abbildung 4 Detaillierte Ansicht von Funktionsblöcken in einer CPU

Rechenwerk (ALU/FPU)

Das Rechenwerk ist der Hauptteil eines Prozessors, dieser verarbeitet bestimmte Befehle, er unterteilt sich zwischen dem Floating Point Unit (FPU) und der Arithmetic Logic Unit (ALU). Sie teilen sich bestimmte Berechnungen untereinander, wir überspringen dabei aber die genaue Funktionsweise dieser zwei Blöcke.

Steuerwerk (COL/IDU)

Diese Einheit steuert die Befehlsverarbeitung. Er ladet, decodiert und interpretiert bestimmte Befehle. Dabei greift er auf den Befehlssatz zurück, welcher ihm zur Verfügung steht.

Register/Cache

Dies sind sehr schnelle Speicher, welche aber nur eine winzige Datenmenge ablegen können.

6.3 Herstellung[13]

Prozessoren sind die heute komplexesten Produkte, die hergestellt werden können. Es werden hunderte von Bearbeitungsschritten benötigt und dies unter sehr schwierigen Rahmenbedingungen.

Der Grundstoff des Prozessors ist Silizium, welcher sich in Sand finden lässt. Glücklicherweise ist Silizium das zweithäufigste Material der Erde.[14] Es wird verwendet, weil es ein Halbleiter ist. Eine reine Siliziumstruktur hat keine freien Aussenelektronen. Um sie leitfähig zu machen, müssen einige Fremdatome eingebaut werden.[15]

Beispiel: Phosphor hat fünf Aussenelektronen (vgl. Tabelle 3). In einem Siliziumgebilde ist dies eins zu viel. Das fünfte Elektron kann sich nun frei durch die atomare Struktur bewegen. Somit ist das Material negativ geladen, beziehungsweise n-lei-

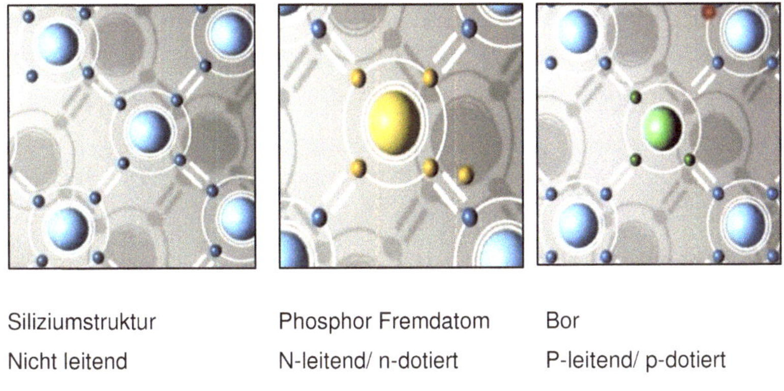

| Siliziumstruktur | Phosphor Fremdatom | Bor |
| Nicht leitend | N-leitend/ n-dotiert | P-leitend/ p-dotiert |

Tabelle 3 Eine Darstellung für verschieden Halbleiterformen aus Silizium

tend. Bor jedoch, welches nur drei Aussenelektronen aufweist, lässt Silizium p-leitend, beziehungsweise positiv werden.[16]

---

[13] Herstellung; http://www.intel.com/cd/corporate/education/emea/deu/154588.htm (08.03.2015)
[14] Grundstoff; https://www.youtube.com/watch?v=ZvQMC7qL2B8 (08.03.2015)
[15] Halbleiter; http://de.wikipedia.org/wiki/Halbleiter (08.03.2015)
[16] Chemie; https://www.youtube.com/watch?v=ZvQMC7qL2B8 (08.03.2015)

Der Siliziumsand wird in aufwendigen chemischen Verfahren zu Siliziumzylindern verarbeitet. Diese sind sehr rein und enthalten fast keine Fremdatome. Sie werden dann in Siliziumscheiben, die sogenannten Wafer, geschnitten (Abbildung 5 und Abbildung 6).

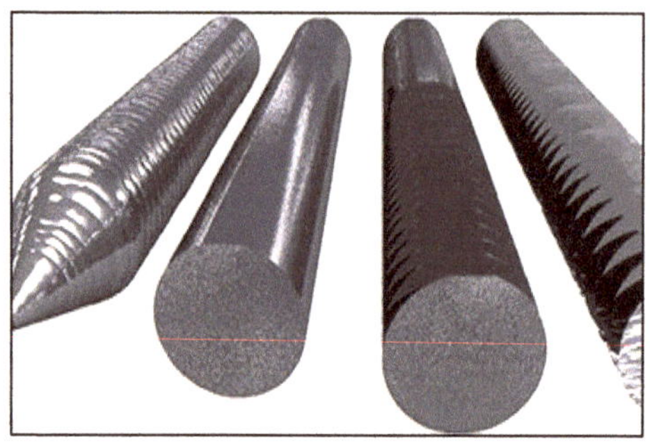

Abbildung 5 Siliziumzylinder, nach einer Behandlung (microcomercials GmbH)

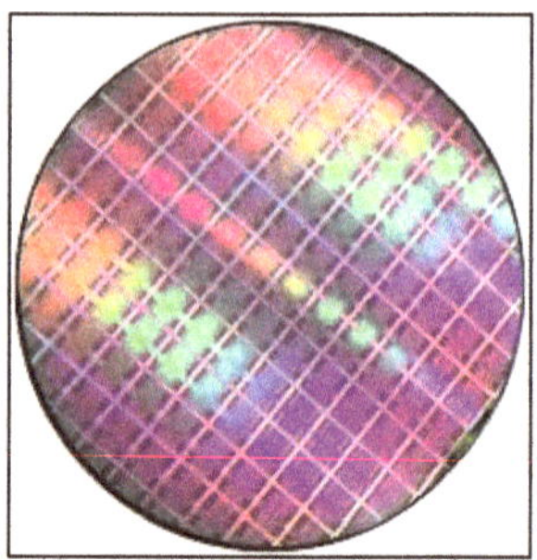

Abbildung 6 Wafer mit den Transistoren (Semiaccurate)

Die Wafer werden Gas und extremer Hitze ausgesetzt, sodass sich eine Siliziumdioxid- und eine Siliziumnitrid-Schicht bilden. Danach wird der Wafer mit einem Fotolack beschichtet.

In einem sogenannten photolithographischen Verfahren wird er dann mit ultraviolettem Licht bestrahlt, welches den Fotolack löst. So wird mittels einer Maske, welche das Licht teilweise durchlässt, das gewünschte Muster auf den Wafer aufgetragen.

Eine ätzende Flüssigkeit entfernt die Stellen, welche nicht durch den Foto-Lack geschützt werden. Es entstehen Millionen kleiner „Türmchen" in der folgenden Reihenfolge: Silizium, Siliziumdioxid, Siliziumnitrid und einer Schicht Foto Lack. Es folgen mehrere weitere Produktionsschritte, die aus Wegätzen, Hinzufügen und Abtragen von mehreren Schichten bestehen (siehe Abbildung 7).[17]

Diese Beschreibung der Herstellung ist natürlich stark vereinfacht. Es ist praktisch unmöglich, alle diese sehr komplexen Vorgänge verbal zu formulieren, trotzdem sollte es mir gelungen sein, einen groben Einblick in die Produktion von Prozessoren zu ermöglichen.

---

[17] Herstellung; https://www.youtube.com/watch?v=whQmCJF_JB0 (04.05.2015

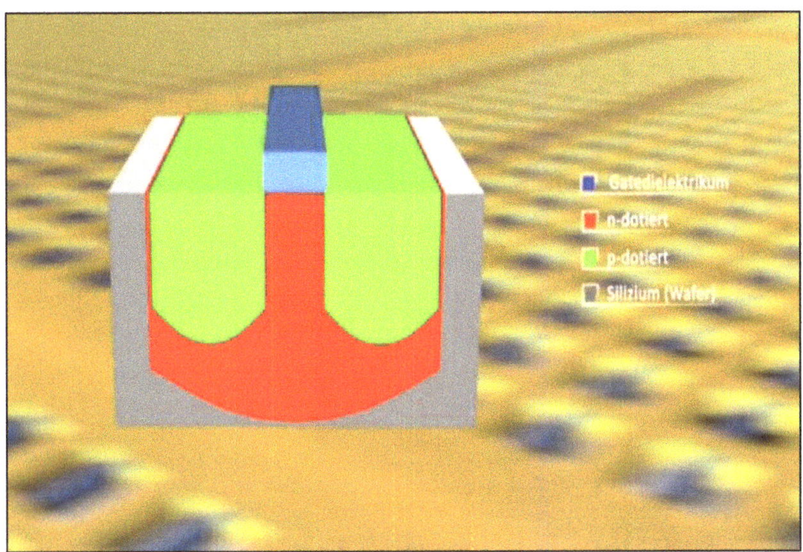

Abbildung 7 Fertiger Transistor, mit jeweils einer dotierten Schicht und der Silizium Wafer als Isolation.

Es gibt einige Probleme bei der Herstellung von Transistoren, so wurde zum Beispiel die CPU- Kühlung immer mehr zu einem Problem. Eine passive Külung reicht schon lange nicht mehr aus und einige Supercomputer brauchen mittlerweile flüssigen Stickstoff zur Kühlung.[18]

Das photolithografische Verfahren ist auf die minimale Wellenlänge von UV-Licht begrenzt. Diese beträgt 30 Atome/10nm. Eine mögliche Lösung für die weitere Verkleinerung wären Röntgenstrahlen, welche eine noch kleinere Wellenlänge besitzen.[19]

---

[18]Kühlung; http://www.netzwelt.de/news/78389-rechner-kuehlen-besten-methoden-hitzkoepfe.html (04.05.2015)
[19] UV ; http://de.wikipedia.org/wiki/Ultraviolettstrahlung (04.05.2015)

6.4 Geschichte

Die Geschichte des Computers und damit auch der Prozessoren begann mit mechanischen Rechenwerken. Die von Konrad Zuse entwickelte Z1 war eine mechanische Rechenmaschine, welche man durch Lochstreifen programmieren konnte. Die Z1 arbeitete, wie die heutigen Rechner, mit dem binären Zahlensystem.[20] Nach dem 2. Weltkrieg entstanden neue Computer, welche mit Hilfe von grossen Elektronenröhren realisiert wurden. Diese neuen Computer waren wesentlich schneller und weniger störanfällig als die verschiedenen von Zuse entworfenen mechanischen Rechner. Ein besonderes Beispiel einer Rechenanlage dieser Zeit ist die ENIAC. Solche Rechner füllten ganze Turnhallen und waren vor allem an Universitäten für Forschungsprojekte im Einsatz. Bereits diese Prozessoren konnten um ein Vielfaches schneller rechnen als das menschliche Gehirn. Die grosse Allgemeinheit profitierte jedoch von dieser neuen Technologie noch nicht, da sie schlichtweg zu teuer und zu kompliziert war. [21]

Erst 1950 wurde die Röhrentechnologie von Transistoren verdrängt. Ein Transistor ist ein Schalter, welcher verschiedene elektromagnetische Ströme ein- und ausschalten kann. Damit kann der Computer durch ein binäres Zahlensystem verschiedene Rechenoperationen durchführen. Durch die immer kleiner werdenden Transistoren konnte die Anzahl der Transistoren in den letzten 50 Jahren exponentiell anwachsen. Dabei schrumpfte die Grösse der Integrierten Schaltkreises (IC) immer weiter. 2009 waren diese 21nm gross.[22]

Mit der Erfindung des Mikroprozessors entstand der Prozessor im heutigen Sinne und legte den Grundstein für den Durchbruch des Personal Computers. Lange Zeit blieben viele Hersteller bei der Produktion von Rechenzentren stecken. Erst 1968 entwickelte Hewlett Packard mit dem 9100 A den ersten Personal Computer.[23] Dieser konnte schon einen grossen Zahlenraum darstellen und verschiedene Parabeln berechnen. 1969 etablierte sich das Internet unter verschiedenen Universitäten. Der Commodore C64 wurde mit 30 Millionen abgesetzten Exemplaren zum meistverkauften Computer aller Zeiten.[24] Es begann die Blütezeit der Prozessoren, welche

---

[20] Zuse; http://de.wikipedia.org/wiki/Zuse_Z1 (02.01.2015)
[21] Prozessoren; http://de.wikipedia.org/wiki/Prozessor (02.01.2015)
[22] Transistoren; http://de.wikipedia.org/wiki/Transistor (02.01.2015)

[23] HP; http://de.wikipedia.org/wiki/Hewlett-Packard_9100A (02.01.2015)
[24] Comodoro C64; http://de.wikipedia.org/wiki/Commodore_64 (02.01.2015)

mit verschiedenen Konsolen und Computern eine weitere Revolution auslöste: die Computerisierung.

Als vollkommene Fehleinschätzung erwies sich dieses Zitat des damaligen IBM Chefs Thomas Watson:

„Ich denke, dass es einen Weltmarkt für vielleicht fünf Computer gibt."[25]

7 Heisenbergsche Unschärfe-Relation

Bisher konnte ich noch nicht stichhaltig darlegen, dass das Mooresche Gesetz Lücken aufweist und mit der uns heute zur Verfügung stehenden Technologien nicht weiterführbar ist. Dies soll nun die Heisenbergsche Unschärfe-Relation zeigen.

Werner Heisenberg war neben Einstein, Newton und Gauss einer der bedeutsamsten Physiker und Theoretiker des vergangenen Jahrhunderts. Er war gebürtiger Deutsche und lebte von 1901- 1976. Er wird heute vor allem als Pionier der Quantenmechanik geehrt. Im Gegensatz zu vielen Physikerkollegen floh er nach der Machtübernahme durch die Nazis nicht ins Ausland, sondern arbeitete weiterhin für Deutschland am Versuch, eine Atombombe für das dritte Reich zu bauen.[26]

7.1 Erklärung

Die Heisenbergsche Unschärfe-Relation besagt, dass Wellen und Schwingungen nicht beliebig genau bestimmt werden können.

Was aber soll man sich unter Schwingungen vorstellen? Zuerst sollte man wissen, dass es Materie gibt, welche zwar etwas wiegt, aber grundsätzlich nur eine Schwingung ist, ähnlich der Schwingung der Luft bei Musik. Diese besondere Art von Materie nennt man Materiewellen. Elektronen sind neben Photonen ein typisches Beispiel dazu.[27]

---

[25] Zitat; http://www.supportnet.de/faqsthread/2390545 (02.01.2015)

[26] Biografie; http://de.wikipedia.org/wiki/Werner_Heisenberg (10.05.2015)
[27] Materie- Strahlung; http://de.wikipedia.org/wiki/Materiewelle (04.05.2015)

In der Schule betrachtet man öfter das Experiment des Einzelspalts. Dabei wird Licht durch einen kleinen Spalt geschickt und die Intensität wird dann mit grösserer Entfernung vom Mittelpunkt abnehmen (siehe Abbildung 88). Das funktioniert nicht nur mit Photonen, bzw. Licht, sondern auch mit Elektronen. Gerade weil es eine Materiewelle ist, besitzt sie die Eigenschaften von Materie und die einer Welle (Siehe Tabelle 4).

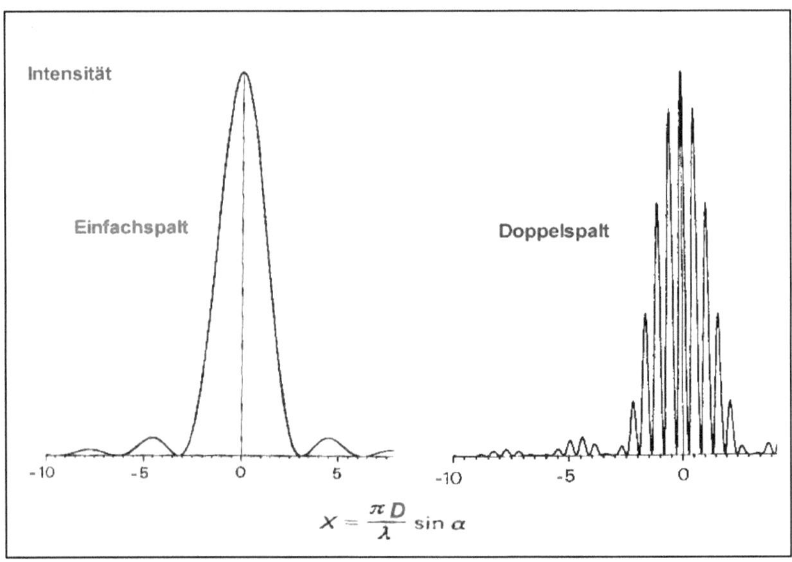

$$X = \frac{\pi D}{\lambda} \sin \alpha$$

Abbildung 88 Intensitätskurve von einem Einfach- und einem Doppelspaltversuch

Eigenschaft Teilchen	Eigenschaft Wellen
Bestimmter Ort	Bestimmter Impuls (Geschwindigkeit und Richtung einer Welle)

Tabelle 4 Eigenschaften von Teilchen und Wellen.

Wenn man den Einzelspaltversuch wiederholt, stellt man fest, dass man vor dem Spalt den Impuls sehr gut kennt, den Bereich des Teilchens jedoch fast gar nicht.

Im Spalt selber trifft genau das Gegenteil zu: Den Standort kann man sehr gut bestimmen, aber den Impuls fast gar nicht. Es gibt dabei einen Querimpuls, der eine zweite Richtung angibt. Man erhält ein Interferenzmuster (siehe Abbildung 88). Deshalb die Aussage: zwei Eigenschaften von Materiewellen können nicht unbegrenzt genau bestimmt werden.

Es gibt dafür sogar eine Formel und eine Konstante. Die Herleitung lasse ich an dieser Stelle aus.

$$\Delta x * \Delta p = h$$

Dabei ist h das Planck'sches Wirkungsquantum[28]:

$$h = 6{,}626 * 10^{-34}$$

Man schreibt x und p, weil dieses Gesetz nicht nur auf Ort und Impuls verwendbar ist, sondern auch auf andere Eigenschaften.

Beispiel

1. Wir kennen den Ort sehr gut, so wie im Spaltversuch. Somit ist diese Zahl extrem klein. Der Impuls muss daher gross sein um das Planck'sches Wirkungsquantum zu erreichen.
2. Wir kennen den Ort vor dem Spalt praktisch gar nicht. Somit ist diese Zahl recht gross. Der Impuls muss daher klein sein, um das Planck'sches Wirkungsquantum zu erzielen.

7.2 Bezug auf das Thema

Nun kann man berechtigterweise fragen: Welchen Bezug hat dies alles auf unser Thema?

Im vergangenen Teil erwähnte ich die Herstellung und die Miniaturisierung der Transistoren. Bis 2020 könnte die Dicke der Transistoren auf 5 Atome abgenommen haben. Dann ist die Position der Elektronen ungewiss und sie sickern durch, was zu einem Kurzschluss führt.

---

[28] Planck'sches Wirkungsquantum http://de.wikipedia.org/wiki/Plancksches_Wirkungsquantum (04.05.2015)

Die Heisenbergsche Unschärfe-Relation ist ein Naturgesetz, wie die Geschwindigkeit des Lichts. Es ist nicht möglich, dieses Gesetz zu umgehen.

Die Heisenbergsche Unschärfe-Relation setzt den Prozessorentwicklung eine praktisch unüberwindbare Hürde.

8 Schlussfolgerung

Ich hoffe, einleuchtend erläutert zu haben, dass eine Verkleinerung der Transistoren unter denselben Herstellungsmethoden ein Ende haben muss. Vor allem die Heisenbergsche Unschärfe-Relation ist ein absoluter Begrenzungsfaktor. Dabei spielen auch technische Gründe mit, wie die Wärmeentwicklung und die Wellenlänge von UV. Diese wurden in 6.3 Herstellung beleuchtet.

Dabei muss man ganz klar zwischen physikalischen und technischen Hürden unterscheiden. Technische Hürden kann man lösen, physikalische muss man umgehen. Eine besonders bekannte physikalische Hürde ist die Lichtgeschwindigkeit. Man kann sie nicht überschreiten.

9 Die Folgen[29] [30]

Eine langfristige Stagnation der Entwicklung im Hardware-Sektor wäre etwas sehr schädliches für die Wirtschaft. Vor allem in der ersten Welt kaufen sich viele Menschen jedes Jahr entweder ein neues Smartphone, einen neuen Laptop, einen neuen Desktop- PC oder ein neues Tablet. Alleine aus dem einzigen Grund, dass ihnen ihr vorheriges Gerät zu langsam im Vergleich zu den neueren Geräten erscheint.

Diese Art „Kaufsucht" beflügelt die Technik. Es ist nicht abzusehen, in welche Krise die Stagnation der Prozessoren-Entwicklung uns führen würde. Wir hoffen alle für das gemeinsame Wohl, dass die schlimmsten Befürchtungen nicht wahr werden und die Menschheit einen Weg findet, weiterhin bessere Prozessoren herzustellen.

---

[29]Folgen; https://www.youtube.com/watch?v=398B4wpldP4 (02.05.2015)
[30]Folgen; http://en.wikipedia.org/wiki/Semiconductor_sales_leaders_by_year#Ranking_for_year_2013 (02.05.2015)

Lassen Sie mich noch folgendes erwähnen: Ich habe vor einigen Jahren ein längeres und intensives Gespräch mit einem ehemaligen Systemtechniker geführt. Dieser erzählte mir von seiner Studienzeit, als Prozessoren noch Taktraten von einigen MHz aufwiesen und Professoren das Ende der Steigerung in der Wiederholungsrate prophezeiten. Er erklärte mit physikalischen Gesetzen der Thermodynamik und Elektronik, weshalb es unmöglich sei, noch höhere Taktraten zu erreichen. Wir wissen nun alle, dass sich diese Prophezeiung glücklicherweise nicht als wahr herausgestellt hat. Jedoch kommen wir heute trotzdem langsam an die Grenzen der Taktraten. Die Kurve verflacht sich immer stärker und die Kühlleistung muss immer mehr erhöht werden.

Ich bin kein Schwarzmaler, welcher einen Untergang der Technologie vorhersagen will. Dennoch ist es mir ein Anliegen, auf die Gefahren und die Abhängigkeiten aufmerksam zu machen.

Wie ich im Thema: „Zusammenfassung" auf S. 24 beschreibe, wird sich dieses Worst-Case Szenario so nicht abspielen. Dennoch sollte man sich ein wenig über die möglichen weitreichenden möglichen Folgen Gedanken machen.

Besonders einschneidend werden die Auswirkungen auf Weltkonzernen sein, welche einen sehr wichtigen Anteil der Volkswirtschaft bilden. Die weltweit führenden Unternehmen in Sachen Halbleitertechnik (Wafer) sind in dieser Tabelle zusammengefasst (siehe Tabelle 5).

Firma	Umsatz in Millionen		Mitarbeiter
Intel Corporation	46'960	$	106'700
Samsung	33'458	$	326'000
SK Hynix	14'168	$	17'130
Toshiba	12'459	$	200'260
Texas Instruments	11'379	$	34'759
AMD	5'076	$	9'687
Sony	4'394	$	140'900
Nividia	3'612	$	8'800
Total	**131'504**	$	**844'236**

Tabelle 5 Ausgewählte führende Hersteller in der Halbleiterbranche

844'000 Jobs stehen auf dem Spiel, wenn sich eine Krise entwickelt. Leistungssteigerung liesse sich dann nur noch mit verbesserter Kernel-Architektur bewerkstelligen. Wären die neuen Generationen von Prozessoren im Grossen und Ganzen gleich mit den vorherigen, würden sich die Menschen wahrscheinlich kein neues Gerät beschaffen. Die Umsätze würden ins Bodenlose stürzen. Falls sich der Staat entschliessen sollte, wie er es bei der Automobilindustrie tat, die Firmen zu unterstützen, könnte sich die Krise noch verschärfen.

Nun, ich bin kein Wirtschaftsanalytiker und eine Prognose lässt sich in diesem Fall sehr schwer treffen. Dennoch sind Tausende, wenn nicht Millionen, Arbeitsplätze in Gefahr. Denn nicht nur Hardwarehersteller werden einen Umsatzeinbruch erleiden, sondern auch z.T. IT- Firmen, aber wesentlich abgeschwächter und eher auf Grund einer plötzlichen Panik an den Börsen.

Glücklicherweise erkannten viele Firmen und Forschungsinstitute dieses Problem und arbeiten schon an gewissen Prototypen (vgl. Mögliche Lösungen und deren Probleme auf S.21ff).

Auch die Wissenschaft und die allgemeine Entwicklung würden stagnieren. Die Folgen sind natürlich schwerer abzusehen.

10 Mögliche Lösungen und deren Probleme[31]

Alle hier besprochene Lösungsansätze werden in verschiedenen Laboratorien und Forschungszentren untersucht, wobei wir nur solche Ansäte belichten, welche realistische Aussichten auf Erfolg aufweisen.

10.1 Atomare Transistoren

Es gibt bereits Ansätze von Transistoren, welche aus nur einem Molekül bestehen. Dies wäre doch die Lösung für das vorliegende Problem? Andere Geim und Kostya Novoselov sind 2004 mit einem Nobelpreis ausgezeichnet worden, weil sie ein neues Molekül entwickelt haben. Dieses neuartige Teil namens Graphen (siehe Abbildung 9) besitzt sehr interessante Eigenschaften. So ist es extrem stabil, könnte

---

[31] Die Physik der Zukunft Michio Kaku

in ferner Zukunft unsere Klarsichtfolie ersetzen und ist ein Halbleiter. Man kann damit die kleinsten Transistoren kreieren, welche nur zehn Atome im Durchmesser gross sind.

Abbildung 9: Molekulare Sicht von Graphen

Jedoch ist Graphen ein kommerzieller Albtraum! Wie will man solch kleine Moleküle miteinander verdrahten? Aktuell ist es noch sehr kompliziert, Graphen herzustellen. Nach einem Herstellungsprozess hat man nur 0,1 Millimeter reines Graphen. Aber man hofft, in naher Zukunft einen kommerziell attraktiveren Weg zu finden.

10.2 Kubische Prozessoren

Diese Methode ist grundsätzlich relativ einfach. Man würde eine tatsächliche Leistungssteigerung erzielen, jedoch hätten wir wieder das Problem der Wärmeentwicklung. Ein würfelförmiger Körper hat eine exponentielle Volumenvergrösserung, dabei ist die Oberfläche linear ansteigend (siehe Figur 1). Da man Wärme nur durch die Oberfläche abgeben kann, wird es im inneren des Prozessors so heiss, dass das Silizium schmelzen würde.

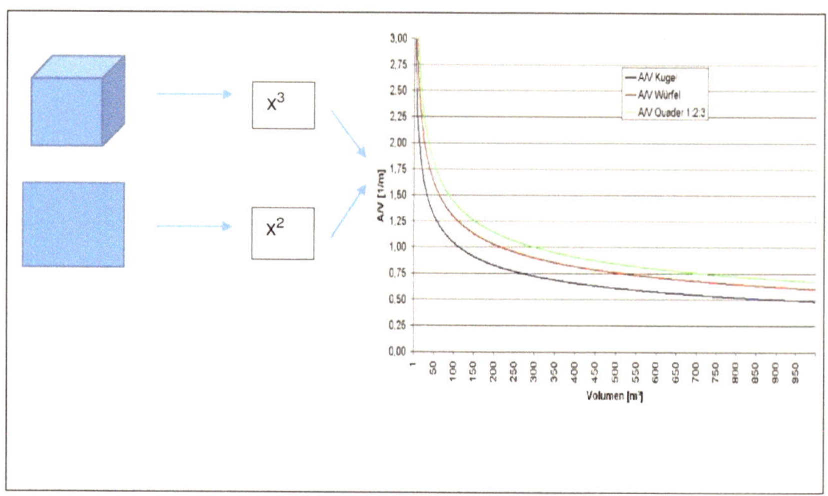

Figur 1 Darstellung des Oberflächen-Volumen Verhältnisses

10.3 Quanten-Prozessoren

Alle Atome besitzen einen gewissen Drehimpuls, viel komplizierter als ein Kreisel oder ein Planet, aber in einer gewissen Weise ähnlich. Wenn man nun die Drehung interpretiert, kann man 1 als einen „Spin" nach oben und eine 0 als einen Spin nach unten verstehen. Ein Atom dreht sich jedoch nicht nur um eine Achse, sondern um mehrere. Daher kann ein Atom viel mehr Informationen darstellen als nur ein binäres Bit.

Man nennt diese Art von Bit, welcher mehrere Informationen gleichzeitig enthalten können, Qubits. Dank dieser Informationsdichte sind die Quanten-Prozessoren um ein hundertfaches Leistungsstärker als ein reguläres Rechenzentrum.

Um mit Atomen zu rechnen, muss man ein sehr starkes magnetisches Kraftfeld erzeugen, nach welchem sich dann die Atome ausrichten. Jegliche Störung der Aussenwelt würde die Maschine beeinflussen. Eine weitere Schwierigkeit ist, dass alle Berechnungen wiederholt werden müssen, weil sie manchmal nicht stimmen. Nur der Durchschnitt aller Berechnungen ergibt ein verlässliches Resultat.

10.4 Zusammengeschaltete Prozessoren

Diese Idee eines Rechenzentrums mit vielen verschiedenen Prozessoren ist angelehnt an den Aufbau des Gehirns, denn dort sind immer verschiedene Regionen am Arbeiten. Um simultane Rechnungen zu bewerkstelligen, braucht man eine geschickte Aufteilung. Diese Koordination ist ein technisches Meisterwerk und ist dementsprechend sehr kompliziert. Programmierer müssten ein allgemeines Rezept finden, um die Ressourcen nützlich aufzuteilen.

11 Zusammenfassung

Persönlich vermute ich, dass bis 2030 die Siliziumprozessoren dem mooreschen Gesetz entsprechen können, dabei eine immer geschicktere und effizientere Architektur benutzen. Später gehen wir in eine Übergangsphase ein, bei der wir auf kubische und zusammengeschaltete Prozessoren zurückgreifen werden. Bis 2050 werden wir die Probleme der Quantencomputer lösen können und somit auf eine neue Revolution blicken. Vielleicht ist es dann endlich möglich, eine künstliche Intelligenz zu entwickeln.

„Je früher der Mensch gewahr wird, dass es ein Handwerk, dass es eine Kunst gibt, die ihm zur geregelten Steigerung seiner natürlichen Anlagen verhelfen, desto glücklicher ist er.2

Johan Wolfgang von Goethe (1749-1832)

Deutscher Dichter[32]

---

[32] Zitat; http://www.aphorismen.de/suche?f_thema=Entwicklung%2C+Tendenz (05.05.2015)

12 Abbildungsverzeichnis

1) Abb. 1:

   a) http://upload.wikimedia.org/wikipedia/commons/c/c5/PPTMooresLawai.jpg
      (30.04.2015)

2) Abb. 2:

   a) http://www.globalspec.com/ImageRepository/Learn-
      More/201311/chips8b74c2a3d3b543d58e6a4540e6469e25.png
      (30.04.2015)

3) Abb. 3:

   a) https://www.youtube.com/watch?annotation_id=annota-
      tion_968061837&feature=iv&index=3&list=PL6DU7Y-
      sYvRpA31RgBg1MUTf2EuVtmAF-E&src_vid=sFqaCH-
      ZGkHI&v=IhCZu8ALmFE (05.04.2015)

4) Abb. 4:

   a) IT Basiswissen

5) Abb. 5:

   a) http://www.microchemicals.com/uploads/pics/silizium_ingot_wafer.gif
      (29.03.2015)

6) Abb. 6:

   a) http://semiaccurate.com/assets/uploads/2011/05/TSMC-Wafer.jpg
      (29.03.2015)

7) Abb. 7:

   a) https://www.youtube.com/watch?v=whQmCJF_JB0 (08.05.2015)

8) Abb. 8:

   a) http://www.physik.fu-berlin.de/~brewer/IMAGES/spaltbild.jpg (04.05.2015)

9) Abb. 9

   a) http://www.spektrum.de/fm/912/thumbnails/graphen_sdtop.jpg.1027223.jpg
      (04.05.2015)

13 Literaturverzeichnis

Betschon, S. (2015). Das Gesetz des Fortschritts. *NZZ*.

Bildungsverlag Eins. (2006). *Basiswissen IT- Berufe Einfache IT Systeme.* Bildungsverlag Eins.

Heisenberg, W. (1967). *Einführung in die einheitliche Feldtheorie der Elementarteilchen.* Stuttgart: S. Hirzel Verlag Stuttgart.

Heisenberg, W. (2014). *Der Teil und das Ganze.* Piper.

Kaku, M. (2014). *Die Physik der Zukunft- Unser Leben in 100 Jahren.* New York: Rowohlt Taschenbuch Verlag.

Link, A. (2011). Intels Prozessoren werden Dreidimmensional. *pcgameshardware*.

Vogel, T. (2011). Transistoren unter sich. *Pcgameshardware*.